건강을 위한 먹거리 채소·과일

잘먹고 잘살자

잘먹고 잘살자 ❷
건강을 위한 먹거리 채소·과일

초판 1쇄 펴낸날 2024년 11월 1일

글 김바다 | 그림 김이조

펴낸이 허경애
편집 최정현 박혜리 **디자인** DESIGN PURE **마케팅** 정주열
펴낸곳 도서출판 꿈터 **출판등록일** 2004년 6월 16일 제313-2004-000152호
주소 서울시 마포구 양화로 156, 엘지팰리스빌딩 825호
전화번호 02-323-0606 **팩스** 0303-0953-6729
이메일 kkumteo2004@naver.com **블로그** blog.naver.com/kkumteo **인스타** kkumteo

ISBN 979-11-6739-131-5
　　　979-11-6739-105-6 74330(세트)

ⓒ김바다, 김이조 2024
이 책에 실린 글과 그림은 무단 전재 및 무단 복제할 수 없습니다.
잘못된 책은 구입하신 서점에서 바꾸어 드립니다.

어린이제품안전특별법에 의한 제품 표시
제조자명 꿈터 | **제조연월** 2024년 11월 | **제조국** 대한민국 | **사용연령** 6세 이상 어린이 제품
주의사항 종이에 베이거나 긁히지 않도록 조심하세요.
책 모서리가 날카로우니 던지거나 떨어뜨리지 마세요.
KC 마크는 이 제품이 공통안전기준에 적합하였음을 의미합니다.

잘먹고 잘살자

건강을 위한 먹거리
채소·과일

글 김바다 | 그림 김이조

차례

채소와 과일을 만나러 가 볼까? 6

철부지 채소와 과일 8
나를 먹어 줘! 10
채소의 종류 12

채소와 과일 키우기 14

노지 재배법과 시설 재배법 16
채소와 과일도 영양밥이 필요해! 24
가축 분뇨로 퇴비 만드는 법 25
오줌 액비 주기 26
채소와 과일은 인간이 만들 수 없지 28
채소와 과일로 만드는 건강 요리 30
오래오래 저장해서 먹는 법 34

시설 재배가 바꾸는 식생활 36

1년 내내 마트에서 만나는 채소와 과일 **38**

수입 과일이 우리 식탁에 오기까지 **40**

기후 변화로 인한 농업 지도의 변화 **42**

우리나라 과일들의 생산지 변화 지도 **44**

우리나라에서 자라고 있는 열대 과일 **45**

똑똑해지는 농사 방식 46

청년들의 귀농으로 달라지는 농촌 **48**

스마트팜 과수원 **50**

물고기와 채소를 함께 키우는
아쿠아포닉스 **52**

수직농장 **54**

작가의 말 56

퀴즈 57

채소와 과일을 만나러 가 볼까?

친구들, 누가 장을 보러 간다고 하면 살짝 따라가 보면 좋을 거야.
마트나 시장에 가면 친구들이 좋아하는 것도 살 수 있거든.
우리 식탁에 요리되어 올라오는 싱싱한 재료들을 만날 좋은 기회이기도 해.
행운이 찾아왔다고도 말할 수 있어.
이번에는 마트로 한번 가 볼까?
많은 물건 가운데 아름다운 자연의 색깔을 만날 수 있는 곳이
바로 채소와 과일이 있는 진열대야.

그 누구도 흉내 낼 수 없는 색깔들이 마트 안을 환하게 밝히고 있어.
물론 자연의 색깔들이 우리의 입맛을 다시게도 하지.
자, 어떤 채소와 과일들이 있는지 둘러보러 가자!

철부지 채소와 과일

예전엔 봄, 여름, 가을, 겨울 계절에 따라서 먹을 수 있는 채소와 과일이 달랐어. 하지만 요즈음은 계절 구분 없이 먹을 수가 있어. 농업 기술이 발전한 결과로 온도 조절이 가능한 온실과 오랜 기간 저장할 수 있는 저온 창고가 생긴 덕분이지. 그럼, 철을 모르고 나온 철부지 채소와 과일들을 만나러 가 볼까?

나를 먹어 줘!

채소와 과일에는 비타민, 미네랄, 식이섬유가 풍부하게 들어 있어. 이런 영양소는 우리 몸의 기관들이 기능을 잘할 수 있게 해 준대. 채소와 과일을 먹으면 성장기 어린이들은 몸도 건강해지고 키도 쑥쑥 자랄 수 있을 거야. 채소와 과일에는 특히 다양한 비타민이 풍부하게 들어 있어서 천연비타민이라고 불려. 또 수분도 많아서 우리 몸의 수분을 보충해 주는 역할도 하지.

열매채소 : 오이, 참외, 토마토, 방울토마토, 딸기, 수박, 고추, 가지, 호박, 피망, 옥수수, 완두콩

잎채소 : 상추, 배추, 시금치, 쑥갓, 비타민, 치커리, 양배추, 양상추, 브로콜리

채소와 과일 키우기

우리 친구들도 직접 자신이 먹는 채소 한두 가지쯤은 키워 보면 좋겠어.
씨앗을 뿌리고 새싹이 돋아나기를 간절히 바라고, 물을 주며 잘 자라라고 격려하고,
잘 자란 채소를 먹으면 고마운 마음이 들 거야.
정성을 다해 키운 채소를 먹으려면 미안한 마음이 들기도 하겠지.
그만큼 맛있어서 눈이 번쩍 뜨일지도 몰라.
알록달록 맛있어 보이는 저 과일들! 이 세상에 과일이 없다면?
상상만 해도 세상의 맛있는 음식들이 반으로 줄어드는 느낌이야.

그만큼 많은 종류의 과일이 사람들 먹을거리로 사랑받고 있어.
과일 가게에는 봄, 여름, 가을, 겨울 언제나 많은 과일들이 진열되어 있어.
과일들에게 이름을 불러 줘 봐! 그러면 나 좀 데려가 달라고 말할지도 몰라.
과일들도 진열대에 가만히 있는 게 힘들어서 누구든 따라가고 싶을 거야.
과일은 과육이 많고 껍질이 단단해서 오래 보관할 수 있어.
가을에 수확한 사과, 배, 감 같은 과일들은 오랜 기간 저장해 두고
꺼내 먹기가 좋단다.

노지 재배법과 시설 재배법

우리가 먹고 있는 채소와 과일은 밭에서 키우기도 하고 시설에서 키우기도 해.
밭에서 키우는 걸 '노지 재배'라고 해. 땅에 퇴비를 뿌리고, 기계로 밭을 고르게 갈아서
씨를 뿌려 키워. 요즘은 비닐을 덮고, 구멍을 내고, 거기에 씨나 모종을 심어.
밭을 갈고 비닐 멀칭을 하기까지 기계의 힘을 빌리지만
그다음부터는 농부의 손길이 닿아야 해.

고춧가루가 되려면 고추를 따서 씻고 건조기에 말려서 방앗간에 가야 해.

풀과 싸워 이긴 '비닐 멀칭'

밭이랑에 비닐을 씌우는 것을 비닐 멀칭이라고 해. 뽑아도 뽑아도 사라지지 않는 잡초, 풀이 자라는 것을 막는 비닐 멀칭이 농부의 일손을 덜어 줬어. 비닐 멀칭을 함으로써 잡초가 올라오는 것을 억제하고, 땅의 영양분이 비에 씻겨 내려가는 것도 방지할 수 있어. 땅의 온도를 유지하고, 수분 증발을 막는 효과도 있지.

뽑아도 뽑아도 끝이 없네…… 그래도 비닐 멀칭이 작물은 보호해 주네.

시설 재배는 비닐하우스에서 재배하는 방식을 말해. 비닐하우스에서 키우려고 해도 퇴비를 뿌리고 땅을 기계로 갈고, 농부의 손길이 닿는 것은 노지 재배와 같아. 단지 비바람을 막아 주고, 항상 일정한 온도를 유지할 수 있다는 점이 달라. 그래서 추운 날에도 채소와 과일을 키울 수가 있어. 물론 난방 시설을 해서 온도를 조절해 줘야 해.

비닐하우스에서는 흙 위에 키우는 채소와 배양액을 이용해 수경 재배로 키우는 채소가 있어. 실내에서 채소를 키우는 것이니 특별히 관리를 잘해야 하겠지.

어린이들이 좋아하는 열대과일은 비닐하우스에서 키워.
더운 지방에서 자라는 나무라서 우리나라의 겨울을 견디기 힘들어 해.
비닐하우스에서는 석유로 난방을 하지. 과일을 키우려면 농부의 손이 굉장히
많이 필요해. 꽃을 피우면 수정도 해 주고, 꽃이 너무 많이 피면 따 주기도 해야 해.
과일이 열리면 솎아 주는 일도 농부가 직접 하지.

경운기

처음에는 농작물을 운반하는 데 주로 사용했어.

좁은 농로로 다니기에 적당한 크기였으니까.

그러다 작업기를 연결해서 소가 하던 일을 대신하게 되었지.

쟁기와 트레일러를 경운기에 연결하면 논밭 갈기, 흙 부수기,

땅 고르기, 운반하기 등을 할 수 있어.

경운기는 농부에게 꼭 필요한 아주 힘센 일꾼이지.

또 논밭에서 일을 마친 농부들을 태우고 다니며 발 노릇을 대신해 주었어.

드론

농부들은 병충해를 막기 위해 농약을 쳐야 하는데 이 일을 드론이 날아다니며 해내기도 해. 넓은 밭에 농약을 뿌리려면 힘이 들고, 농약에 노출될 우려가 있는데 드론이 대신해 주니 정말 고마운 일이지. 큰 밭에는 큰 드론으로, 작은 밭에는 작은 드론으로 농약을 치면 농사짓기가 훨씬 편리할 거야.

경운기에는 양수기를 달아 물 펌프로 쓸 수 있어.

트랙터

엔진이 있어 승용차나 트럭과 기능이 비슷한 차량이라고 할 수 있어.

트랙터에 연결하는 작업기는 수십 가지인데, 작업기를 바꾸어 가며 필요한 작업을 해.

엔진 크기가 소형은 10마력 정도이고 대형은 500마력 가까이 된다고 해.

승용차가 대부분 200마력을 넘지 않는 걸 보면, 대형 트랙터는 힘이 센 편이지.

경운기보다 할 수 있는 농작업이 많아서 트랙터를 만능 농업 기계라고 불러.

트랙터는 보통 논밭 갈기, 씨뿌리기, 땅을 긁어 주는 작업, 풀 베기, 수확, 운반에 이용해.

채소와 과일도 영양밥이 필요해!

친구들이 매일 밥을 먹어야 살 수 있듯이 채소와 과일도 영양밥을 먹어야 해.
영양분을 섭취해서 튼튼해져야 병균과 해충들에게 공격을 받아도
거뜬히 물리칠 수가 있지. 무슨 밥을 먹느냐고? 거름이야.
거름에는 농부들이 만들어 사용하는 퇴비도 있고,
공장에서 대량으로 만든 화학 비료도 있어.
채소를 수경 재배로 키울 때는 물비료라는 영양밥을 주어야 해.
그냥 물은 영양분이 없기 때문에 물에서 채소가 자라고,
열매를 맺을 수 있도록 영양소를 물에 탄 물비료를 준단다.
이 물비료를 배양액이라고 해.
농촌에는 가축을 키우는 농장이 많아서 그중에서 나오는 가축 똥으로
퇴비를 만들어. 농부들이 퇴비를 어떻게 만드는지 궁금하지?

주의! 유박 비료는 사료랑 비슷하게 생겼어.
독성이 있어서 먹으면 큰일 나.

가축 분뇨로 퇴비 만드는 법

① 소똥, 돼지똥, 닭똥을 모아서 볏짚, 왕겨, 톱밥 등 수분 조절제를 넣고 습도를 75%로 맞춘다.

② 산소를 좋아하는 호기성 미생물이 발효하기 때문에 공기가 잘 통하도록 2~3주 뒤에 1차 뒤집기를 해 준다.

③ 발효 시 60℃ 이상의 열을 내는데 이때 잡초씨, 기생충 알, 세균이 죽는다.

④ 5주 뒤에 2차 뒤집기를 해 준다.

⑤ 볏짚과 왕겨를 넣은 퇴비는 2개월 뒤에 발효가 끝나는데, 1개월간 후숙을 시킨 뒤 3개월 뒤부터 퇴비로 사용할 수 있다.

⑥ 톱밥을 넣은 퇴비는 3개월 뒤에 발효가 끝나는데, 1개월간 후숙을 시킨 뒤 4개월 뒤부터 퇴비로 사용할 수 있다.

슬로우 푸드 천연 퇴비, 맛있겠다!

오줌 액비 주기

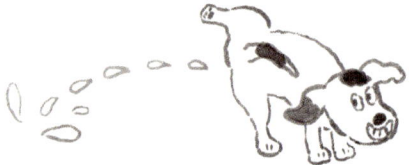

옛날 시골집 변소 뒤에는 오줌을 모으는 항아리가 있었어.
집안 사람들의 오줌을 모아서 2주 정도 발효를 시킨 뒤 밭에서 자라는 채소에 주었지.
뿌리에 줄 때는 물을 10배 섞고, 잎에 줄 때는 물을 20배 섞어서 줘야 돼.

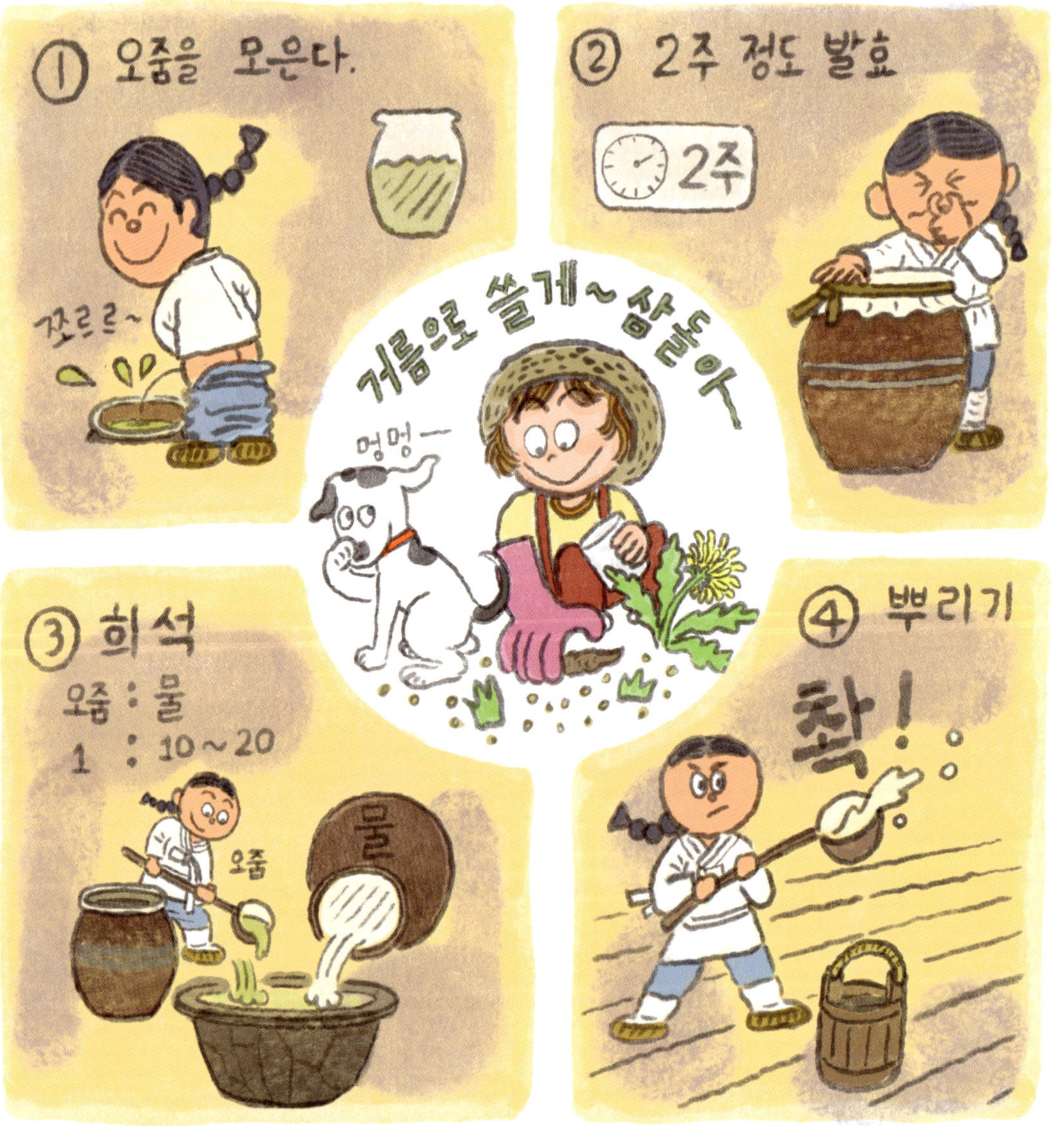

① 오줌을 모은다.
쪼르르~
② 2주 정도 발효
2주
거름으로 쓸게~ 살살아~
멍멍—
③ 희석
오줌 : 물
1 : 10~20
오줌
물
④ 뿌리기
확!

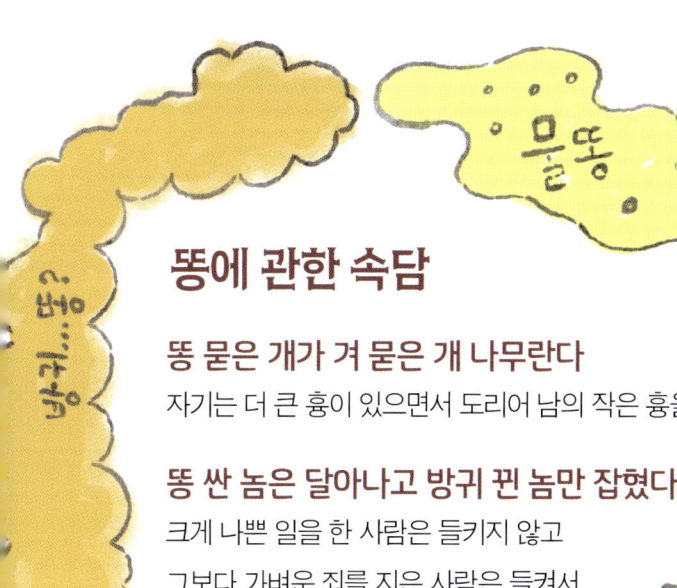

똥에 관한 속담

똥 묻은 개가 겨 묻은 개 나무란다
자기는 더 큰 흉이 있으면서 도리어 남의 작은 흉을 본다.

똥 싼 놈은 달아나고 방귀 뀐 놈만 잡혔다
크게 나쁜 일을 한 사람은 들키지 않고 그보다 가벼운 죄를 지은 사람은 들켜서 애매하게 남의 허물까지 뒤집어쓰게 된다.

똥 누는 놈 주저앉히기
고약하고 잔인한 심보를 가지고 있다.

똥이 무서워 피하나 더러워 피하지
악질이거나 괴롭히는 사람을 상대하지 않고 피하는 것은, 무서워서가 아니라 상대할 가치가 없기 때문이라는 뜻이다.

알아 두면 좋은 과학 상식 "버섯은 채소인가?"

버섯은 식물도 동물도 아닌 균류로 곰팡이의 일종이다. 스스로 유기물 합성을 못 해 다른 유기물 양분을 이용해서 살아간다. 버섯에는 종류가 많다. 버섯이 자라는 곳이나 모양을 딴 이름을 갖고 있다. 송이버섯, 표고버섯, 느타리버섯, 새송이버섯, 팽이버섯, 싸리버섯, 양송이버섯, 노루궁뎅이버섯, 영지버섯 등이 있다.

채소와 과일은 인간이 만들 수 없지

사람들은 지구상에 별의별 물건들을 만들며 살아가고 있어.
수많은 예술품과 건축물, 전자 제품, 특히 컴퓨터와 스마트폰, 자전거, 자동차, 비행기 등 나열하기 힘들 정도로 많아. 우주에 탐사선도 만들어 보내지.
사람이 모든 걸 다 만들 수 있는 것 같지만 식물과 동물은 만들 수가 없어.
식물의 잎 속에는 햇빛을 좋아하는 엽록소라는 아주 작은 녹색 알갱이가 있어.
엽록소가 녹색이기 때문에 나뭇잎과 풀잎은 녹색으로 보이지.
엽록소가 에너지를 만들려면 햇빛이 꼭 필요해.

알아 두면 좋은 과학 상식, 비타민

비타민은 스스로 에너지를 내지는 않지만 다른 영양소들이
자신의 역할을 잘하도록 도와줘. 식품으로 많이 섭취해야 하는데
적정량을 섭취하지 못하면 결핍증이 생기지.
비타민에는 열에 강하고 지방과 함께 흡수되는 지용성 비타민
(비타민A, D, E, K)과 열에 약하고 물과 함께
흡수되는 수용성 비타민
(비타민 B 복합체 B1, B2, B3, B5, B6, B7, B9, B12, 비타민 C)이 있어.
지용성 비타민이 사람 몸에 더 저장이 잘돼.

알아 두면 좋은 과학 상식, 식이섬유

식물에 있는 섬유질 가운데 사람이 섭취할 수 있는 섬유질을 식이섬유라고 해.
위, 소장에서 소화하고 남은 찌꺼기가 대장을 너무 천천히 지나면 배설이 힘들어지는데
식이섬유는 수분을 흡수해서 소화를 도와 변의 양을 늘려 배설을 원활하게 해 주지.
또 변을 부드럽게 해서 변비를 막아 줘.

채소와 과일로 만드는 건강 요리

다섯 색깔 채소 샐러드

재료 : 파프리카, 토마토, 양파, 상추, 적근대, 요플레 등.

오늘은 내가 요리사!

만드는 법

① 채소는 식초 물에 5분쯤 담갔다가 흐르는 물에 씻는다.

② 깨끗하게 씻은 채소는 먹기 적당한 크기로 자른다.

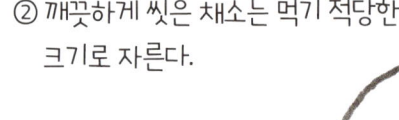

주의 칼 사용은 어른과 함께!

③ 큰 그릇에 담고 요플레, 견과류, 볶은 통깨를 뿌린다.

짜잔

과일꼬치

재료 : 사과, 바나나, 포도, 키위, 꼬치용 막대 등.

과일 씻는 법

사과, 배, 자두 등은 소주나 식초로 겉을 잘 닦은 뒤 흐르는 물에 씻어서 먹는다.
감귤, 레몬, 오렌지는 껍질을 식용 왁스로 코팅하는 경우가 있으니까 소주로 겉을 닦은 뒤 물에 5분 정도 담갔다가 씻는다.
포도는 농약에 흡착력이 강한 밀가루를 뿌린 뒤 흐르는 물에서 씻는다.

만드는 법

① 과일은 식초 물에 담갔다가 흐르는 물에 깨끗이 씻는다.

② 껍질을 깎고 한입에 먹을 수 있는 크기로 잘라 둔다.

③ 꼬치에 적당한 양을 끼워 오목한 접시에 담고 요플레를 위에 뿌려서 섞는다. 과일을 꼬치에 낀다.

채소와 과일은 미생물과 해충의 공격으로부터 자신을 보호하기 위해 화학 물질을 분비한다고 해. 이 물질을 사람이 먹으면 항산화 작용을 해서 세포를 보호해 줘. 버드나무 껍질에서 추출한 아스피린, 말라리아 특효약 퀴닌, 발암 물질을 억제하는 플라보노이드, 카로티노이드가 식물 영양소라고 할 수 있어. 색깔 있는 과일에 식물 영양소가 많은데, 하루에 다섯 색깔 과일을 먹으면 좋아. 그래서 채소와 과일은 날마다 먹어야 해. 그렇다고 너무 많이 먹으면 안 돼. 적당히 골고루 먹는 게 더 좋으니까.

오래오래 저장해서 먹는 법

채소와 과일을 오래 두고 먹으려면 저장을 해야 돼.
저장을 해 두면 아주 맛있게 먹을 수가 있어.
장아찌, 잼, 통조림으로 만들거나 말리기도 해.
그럼, 잼도 만들고 채소와 과일도 말려 볼까?
채소는 그늘에서 말리거나 건조기, 선풍기로 말리면 된대.
삶아서 건조하기도 해.
나물 종류는 삶아서 말리고, 호박, 가지, 무 등은 그냥 말리면 좋아.

과일은 주로 건조기에서 말리는데 한 개씩 꺼내 먹기가 좋아. 말린 채소와 과일은 수분이 없어서 미생물이 살지 못하기 때문에 오래 보관할 수 있어. 곶감, 대추, 말린 사과, 말린 귤, 말린 자두, 말린 살구가 있지.

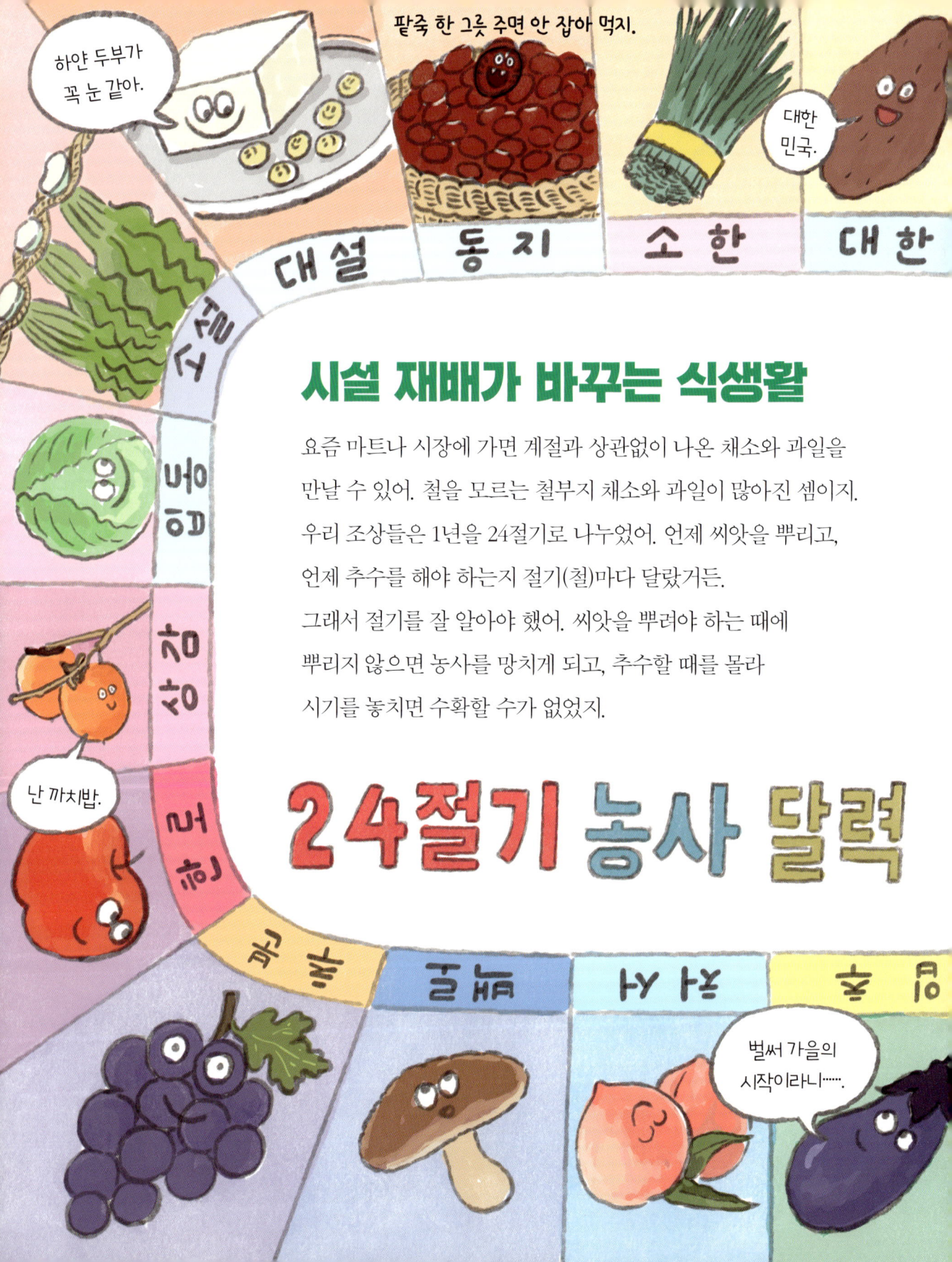

1년 내내 마트에서 만나는 채소와 과일

'제철에 나는 채소가 가장 맛이 있어.'
'자기가 사는 땅, 자기 고향에서 나는 과일이 가장 맛있지.'
'요즘에는 사시사철 채소를 사 먹을 수 있는데 제철을 우째 아노?'
'그런데 누가, 어디서, 어떻게 생산했는지도 모르는 수입 과일이 맛있다고
좋아하니 쯧쯧쯧!'
옛날 어른들은 이런 말씀을 하면서 걱정하셨지만
이젠 이렇게 1년 내내 채소와 과일을 먹는 게 당연한 일이 되었어.
비닐하우스와 스마트팜에서 기후와 상관없이 채소를 키울 수 있어서야.

여러 과일을 계절에 관계없이 골라서 먹을 수 있는 건 오래 저장할 수 있는 저온 창고 덕분이야. 과일을 수확한 다음 저온 창고에 보관했다가 마트와 시장으로 천천히 내보내지.
외국에서 수입해 온 과일도 저온 창고에 보관하고 있어. 사과, 배, 포도와 수입 과일 키위, 바나나, 파인애플, 오렌지, 자몽도 저온 창고에서 우리와 만날 날을 기다리지.

수입 과일이 우리 식탁에 오기까지

오렌지, 포도, 파인애플, 바나나, 체리 등 수입 과일의 시장 점유율이 20%에 이른대. 우리는 점점 더 많은 수입 과일을 먹고 있어.
생산지에서 과일을 따 배에 싣고, 바다를 항해한 다음에는 또 배에서 내려 저온 창고로 갔다가 마트로 나오면 우리가 사는 거야.
장기간 보관하고, 여러 차례 운송을 하면 품질이 떨어지기가 쉬워서 수확한 뒤 농약 처리(포스트하비스트)를 한대.

알아 두면 좋은 과학 상식

사람벌이 되어

꿀벌은 식물의 꽃을 찾아다니며 꽃가루를 옮겨 열매를 맺게 해.
최근 지구온난화로 기온이 높아져 봄꽃이 피는 시기가 6~8일 정도 빨라졌어.
하지만 꿀벌은 겨울잠에서 완전히 깨어나지 못해 꽃가루받이를 할 수가 없지.
늦게 잠을 깬 꿀벌들은, 꽃이 일찍 피었다 져서 꿀과 꽃가루가 없어 먹지 못하고.
그래서 꿀벌의 수도 줄어들었어.
꿀벌이 꽃가루받이를 못 하니 농부들이 나서서 꿀벌이 하는 일을 하기도 해.

기후 변화로 인한 농업 지도의 변화

우리나라 과일들이 자꾸 시원한 북쪽으로 이사 가고 있다는구나.
남쪽에서 자라던 과일들이 날씨가 더워져서 못 살겠다고 아우성치며 뒤도 안 돌아보고 떠난 거야. 그 빈자리에는 동남아에서 자라는 열대 과일이 이사를 왔어.
우리나라 기온이 점점 올라가니까 열대 과일도 잘 자란다고 해.
자연히 우리나라에서 재배하는 과일 종류가 많아졌어.
여러 종류의 과일을 먹을 수 있어서 좋다고?
우리나라에서 오랫동안 재배하던 과일이 사라질지도 몰라. 영영 못 먹을 수도 있어.
우리나라의 농업 지도가 어떻게 바뀌었는지 알아보자!

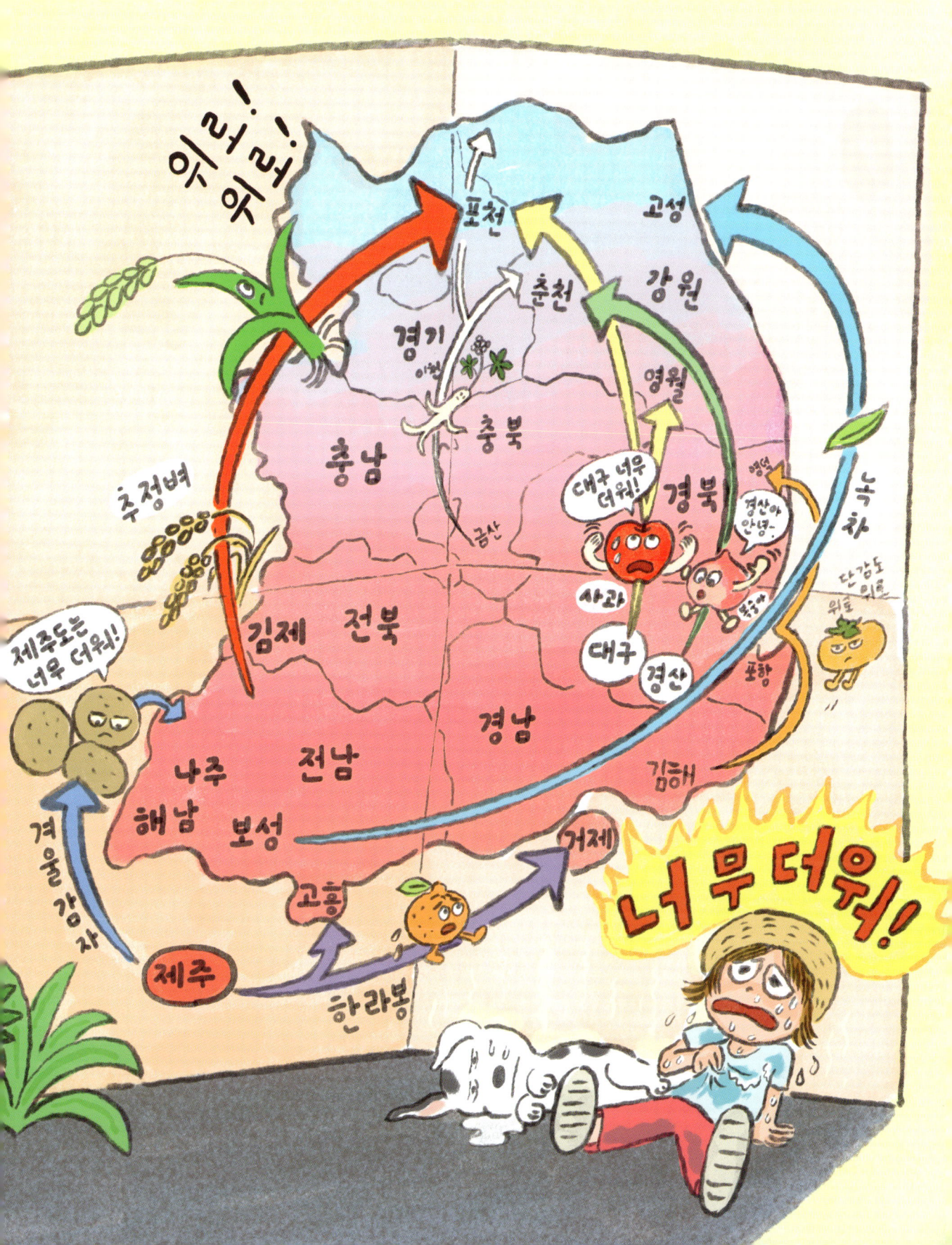

우리나라 과일들의 생산지 변화 지도

국립기상연구소의 자료에 따르면 지난 100년간 지구 평균기온은 0.74℃ 올랐는데, 한반도는 100년간 1.5℃가 상승했어. 그래서 우리나라 농작물 재배지가 점차 북쪽으로 올라가고 있대.

우리나라에서 자라고 있는 열대 과일

지구 온난화 영향으로 우리나라에서 재배하는 아열대 과일의 종류가 점점 늘어난다고 해. 재배 면적도 해마다 증가하고 있어. 열대 과일이 잘 자랄 수 있게 재배 기술을 연구하고 개발했기 때문이야.

똑똑해지는 농사 방식

무더운 여름날, 더위를 피해 어느 건물에 들어갔는데
식물들이 자라는 곳, 스마트팜이 등장했어.
1년 내내 파릇파릇 식물들이 자라고 알록달록 과일이 익어 가고
금방 따 온 채소로 요리가 되어 나오는 곳이지.
그 싱싱함으로 우리 몸도 건강해지는 느낌이 들 거야.

아주 추운 겨울날도 스마트팜에서는 채소가 자라고 과일이 익어 가. 추위는 한 번에 사라질 거야.
더위와 추위를 물리쳐 주는 스마트팜이 많아지면 좋겠어.
잠깐 들러서 채소즙, 과일 주스 한 잔 마시며 건강하게 살아가는 미래의 삶을 꿈꾸어 보자!

청년들의 귀농으로 달라지는 농촌

사람들이 생명을 유지하려면 음식물을 골고루 먹어야 해.
그러려면 누군가 곡식과 채소, 과일 농사를 지어야 하지.
농촌에서 농지를 지키며 오랫동안 농사를 지었던 분들이
점점 나이가 들어 가고 있어서 외국인 노동자들이 농사를 도와주고 있어.
젊은 사람들을 농촌으로 오게 하려면 농촌에서 윤택한 생활을 할 수 있고,
문화 시설도 많이 접하고, 좋은 교육 환경도 만날 수 있어야 해.
특히 청년 농부들은 첨단 기기를 다루는 데 익숙해서 스마트 기기를 활용한
스마트팜에서 농사짓기에 유리해. 농사 규모를 키워 온실과 스마트팜 시설을
마련하고 농부 로봇, 드론 일꾼, 로봇 다리, 로봇 자켓, 잡초 제거 로봇,
농약 치는 로봇, 해충 제거 로봇, 새 쫓는 로봇, 자율주행 농기계 등
디지털 기술을 이용해서 농사를 지을 수 있도록 다양한 지원이
필요할 거야.

스마트팜 과수원

과수원에서는 PC 또는 모바일로도 과일 농사를 지어.
첨단 기술을 접목해서 물 주는 시설, 비료 공급하는 시설, 기상정보수집센서,
토양정보수집센서, CCTV를 활용하고 있어. 센서와 영상으로 얻은 정보를 이용해
원격으로 조정해서 자동으로 물을 주고, 병해충 관리를 하지.
노지에서 재배하는 과일나무는 날씨에 많은 영향을 받기 때문에 관리를
잘 해야 해.

또 야생 동물이 과일을 먹고 과수원을 망가뜨리기 때문에
센서를 설치해서 쫓아야 해.
스마트 과수원에서는 과일 재배에 센서를 활용하고 있어서 과일의 품질도 좋아지고
수확량도 증가하지. 특히 사과 재배에 가장 효과가 좋아.
실내 스마트 과수원 설치도 늘어나고 있어. 포도 과수원에서는 포도의 맛도
좋아지고, 수확량도 많아졌어.
지구온난화로 인한 이상 기후 현상으로 스마트 과수원의 필요성도
점점 높아지고 있지.

아쿠아포닉스는 물고기 양식과 수경 재배의 합성어로 물고기를 키우면서 수경 재배를 하는 순환형 친환경 농법을 말해. 물고기 배설물 속 암모니아, 아질산염이 미생물로 분해되어 채소의 영양분이 된대.
물고기 양식은 물고기의 배설물과 물고기가 먹고 남은 사료로 물을 오염시키는데 아쿠아포닉스는 물을 순환시키고, 물을 재사용해서 친환경 농사법이라고 해.
초기 투자금이 많이 든다는 단점이 있지만 미래의 새로운 대안이 될 거야.

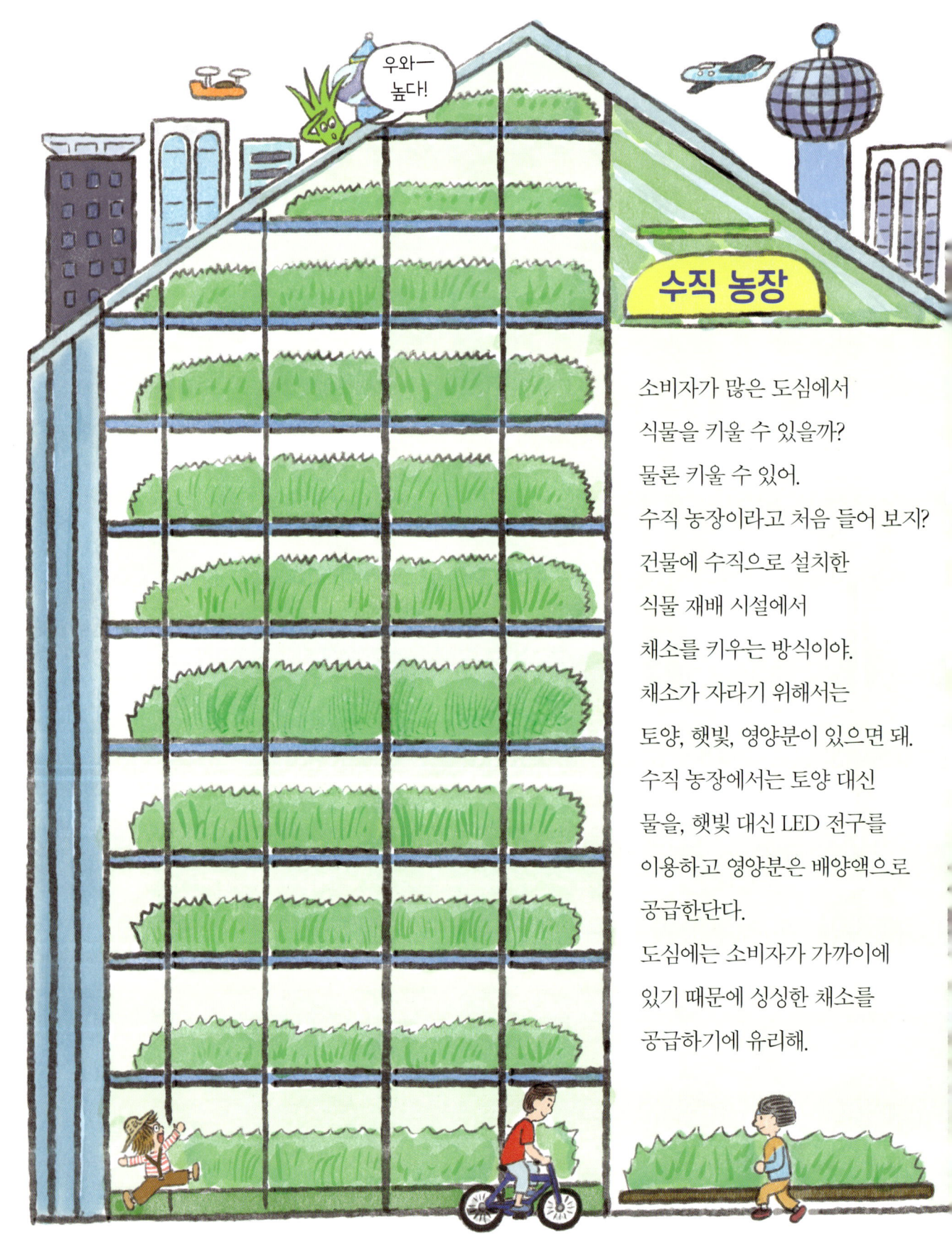

남극에도 식물 농장이?

남극 하면 빙하 위를 뒤뚱거리며 걸어가는 펭귄이 생각나지? 흰 눈이 쌓인 빙하가 넓게 펼쳐진 남극에서도 채소를 키워 먹는대. 2010년에는 세종과학기지에 싱싱한 채소를 키울 수 있는 식물 농장을 보냈다고 해. 10년 뒤인 2020년에도 식물 농장을 쇄빙연구선 아라온호에 실어 보냈다는구나.

남극 세종과학기지의 대원들이 우리 채소를 키워 먹을 수 있어서 좋아할 거야.
대원들이 신선한 채소를 길러 먹고 건강해져서 연구를 더 잘할 것 같지? 잎채소류도 키우고 토마토, 오이, 애호박과 같은 열매채소도 키워서 먹는대. 추운 남극에서 채소를 키우면 사방이 온통 흰색인 빙하만 보다가 초록색을 볼 수 있으니까 눈도 시원해질 거야.

작가의 말

우리 몸의 건강 지킴이 채소와 과일!

저마다 고유한 색깔을 띤 채소와 과일!
빨강 채소와 과일에는 우리 몸에 필요한 영양소가 듬뿍 들어 있어. 주황색 당근 없는 김밥은 참 허전하겠지? 노란색 바나나와 노랑 파프리카도 빼놓을 수 없고!
흰 마늘과 양파는 뿌리에 영양이 많아서 면역력을 높여. 하얀 천을 바로 보라색으로 물들일 수 있는 가지와 잘 익은 포도도 잊지 마.
우리와 이토록 친숙한 채소와 과일은 마트와 시장에서 쉽게 구할 수가 있어. 채소와 과일이 우리 식탁에 오르기까지 어떤 여행을 했을지 궁금하지 않니?
뭘 그런 걸 생각하느냐고? 그냥 맛있게 먹으면 된다고?
친구들은 채소와 과일을 계속 먹으며 살아야 하니까, 어떻게 재배되어 우리 식탁에 오르는지 꼭 알아둘 필요가 있어. 이 책에는 그 이야기를 자세하게 담아 두었지.
채소와 과일이 자라는 농촌이 변화하는 모습도 다루었어. 젊은 사람들이 농촌을 많이 떠났지만 한편으로는 농촌을 새로운 일터로 삼는 사람들도 늘어 간다고 해. 기후 변화로 인해 시설재배로 기르는 채소와 과일이 점점 많아진다는 이야기도 들어 있어. 이 이야기들은 친구들이 배우는 사회 과목과 과학 과목에 해당하는 내용이기도 해. 채소와 과일이라는 주제로 서로 다른 분야가 어떻게 만나 연결되는지 곰곰 생각해 보면 좋겠어.
특히 채소와 과일을 먹을 때마다 농부 님의 귀중한 땀과 노력의 손길이 깃들어 있다는 점을 잊지 않길!

아름다운 지구 대한민국에서 김바다

1 다음 가운데 과일인 것을 골라 보세요.
(가) 토마토 (나) 참외 (다) 딸기 (라) 복숭아

2 아래 보기 가운데 연결이 잘못된 것은?
(가) 열매채소 - 바나나, 감귤
(나) 뿌리채소 - 우엉, 토란
(다) 잎채소 - 시금치, 양배추
(라) 줄기채소 - 셀러리, 아스파라거스

3 다음 가운데 열대 과일이 아닌 것은?
(가) 망고 (나) 바나나 (다) 두리안 (라) 사과

4 현재 우리나라에서 채소와 과일을 공급하는 데 현대화된 기계를 이용하지 않는 방식은?
(가) 트랙터   (나) 드론
(다) 농부로봇   (라) 호미

5 똥에 관한 속담이 아닌 것은?
(가) 똥 묻은 개 겨 묻은 개 나무란다.
(나) 하룻강아지 범 무서운 줄 모른다.
(다) 똥이 무서워 피하나 더러워 피하지.
(라) 개똥도 약에 쓰려면 없다.

6 식물이 탄소동화작용을 하는 데 필요하지 않은 것은?
(가) 산소 (나) 이산화탄소 (다) 물 (라) 햇빛

7 1년 내내 마트에서 채소와 과일을 사 먹을 수 있게 하는 시설은 무엇인가요?
(가) 창고 (나) 온실 (다) 저온 창고 (라) 냉장고

8 비타민에는 지방과 함께 흡수되는 지용성 비타민과 물과 함께 흡수되는 수용성 비타민이 있습니다. 수용성 비타민을 골라 보세요.
(가) 비타민 A   (나) 비타민 C
(다) 비타민 D   (라) 비타민 K

9 기온 변화의 영향으로 우리나라에서 가장 먼저 사라질 과일은 무엇일까요?
(가) 사과 (나) 한라봉 (다) 복숭아 (라) 감

10 농촌에서는 힘든 일을 할 농부가 줄어들어 로봇 농부의 힘을 빌려야 합니다. 로봇 농부가 아닌 것을 골라 보세요.
(가) 로봇 개   (나) 예초 로봇
(다) 해충 제거 로봇   (라) 농약 살포 로봇

11 물고기와 채소를 함께 키우는 아쿠아포닉스의 장점은 무엇일까요?
(가) 물고기의 배설물이 물을 흐린다.
(나) 물이 맑지 않아서 채소가 잘 자라지 않는다.
(다) 아쿠아포닉스는 물을 순환시키고, 재사용하기 때문에 친환경 농사법이라고 할 수 있다.
(라) 초기 투자 자금이 많이 든다.

12 남극 세종기지에서도 연구원들이 신선한 채소를 키워 먹을 수 있는데요. 이것을 가능하게 하는 시설은 무엇인가요?
(가) 식물 농장   (나) 비닐하우스
(다) 온실 창고   (라) 아쿠아포닉스

정답 1. (라) 2. (가) 3. (라) 4. (라) 5. (나) 6. (가) 7. (다) 8. (나) 9. (가) 10. (가) 11. (다) 12. (가)

글 김바다

우주에 충만한 에너지를 느끼며 지구의 아름다움에 감탄하며 살고 있습니다.
출간한 책으로 지식정보책 〈잘먹고 잘살자〉 시리즈 《생존을 위한 먹거리 식량》, 《우리는 지구별에 어떻게 왔을까?》,
《햇빛은 얼마일까?》, 《쌀밥 한 그릇에 생태계가 보여요》, 《내가 키운 채소는 맛있어!》, 《북극곰을 구해 줘!》,
동시집 《별을 훔치다》, 《수달을 평화 대사로 임명합니다》, 《로봇 동생》, 《수리수리 요술 텃밭》, 《안녕 남극!》,
《소똥 경단이 최고야!》, 창작동화 《돈돈 왕국의 비밀》, 《가족을 지켜라!》, 《지구를 지키는 가족》,
《시간 먹는 시먹깨비》, 그림책 《쌍둥이 보이저호》, 《이우왕자》, 《좋은 날엔 꽃떡》,
《목화할머니》 등이 있습니다. 제8회 서덕출문학상을 수상했습니다.

그림 김이조

홍익대학교에서 섬유미술을 공부했습니다. 설치미술가로 활동하다가 어린이 전시를 통해서
그림책 작업을 시작했습니다. 그림은 아크릴물감과 과슈물감 그리고 색연필을 주로 써서 그립니다.
그린 책으로는 《황금 팽이》, 《딱지 딱지 내 딱지》, 《김치 특공대》 등이 있습니다.

참고한 도서

- 《지구의 밥상: 세계화는 전 세계의 식탁들을 어떻게 점령했는가》 구정은 외, 글항아리
- 《어린이 먹을거리 구출 대작전!》 김단비, 웃는돌고래
- 《음식이 나다: 영양과 건강의 비밀》 오새은, 북카라반
- 《어린이를 위한 식물의 역사와 미래》 에리크 프레딘, 초록개구리
- 《호미 아줌마랑 텃밭에 가요》 장순일, 보리
- 《텃밭에서 자라요: 봄·여름·가을·겨울 텃밭 농사로 배우는 자연》 유영선, 가교출판
- 《작은 텃밭 소박한 식탁: 누구든, 오늘부터 시작할 수 있는 텃밭 라이프》 김인혜, 레시피팩토리
- 《텃밭농사 무작정 따라하기1,2》 심철흠, 길벗
- 《내 방에서 콩나물 농사짓기》 이정모·노정임, 아이들은자연이다
- 《즐거운 농업의 시작, 스마트팜 이야기》 이강오, 넥센미디어
- 《농업, 트렌드가 되다》 민승규·정혁훈, 매일경제신문사